BEI GRIN MACHT SICH IHR WISSEN BEZAHLT

- Wir veröffentlichen Ihre Hausarbeit, Bachelor- und Masterarbeit

- Ihr eigenes eBook und Buch - weltweit in allen wichtigen Shops

- Verdienen Sie an jedem Verkauf

Jetzt bei www.GRIN.com hochladen und kostenlos publizieren

Bibliografische Information der Deutschen Nationalbibliothek:

Die Deutsche Bibliothek verzeichnet diese Publikation in der Deutschen Nationalbibliografie; detaillierte bibliografische Daten sind im Internet über http://dnb.d-nb.de/ abrufbar.

Dieses Werk sowie alle darin enthaltenen einzelnen Beiträge und Abbildungen sind urheberrechtlich geschützt. Jede Verwertung, die nicht ausdrücklich vom Urheberrechtsschutz zugelassen ist, bedarf der vorherigen Zustimmung des Verlages. Das gilt insbesondere für Vervielfältigungen, Bearbeitungen, Übersetzungen, Mikroverfilmungen, Auswertungen durch Datenbanken und für die Einspeicherung und Verarbeitung in elektronische Systeme. Alle Rechte, auch die des auszugsweisen Nachdrucks, der fotomechanischen Wiedergabe (einschließlich Mikrokopie) sowie der Auswertung durch Datenbanken oder ähnliche Einrichtungen, vorbehalten.

Impressum:

Copyright © 2006 GRIN Verlag, Open Publishing GmbH
Druck und Bindung: Books on Demand GmbH, Norderstedt Germany
ISBN: 9783640490530

Dieses Buch bei GRIN:

http://www.grin.com/de/e-book/139574/die-chinesische-landwirtschaft-in-der-krise

Christian Fischer

Die chinesische Landwirtschaft in der Krise?

Zukunft und aktuelle Probleme der chinesischen Landwirtschaft

GRIN Verlag

GRIN - Your knowledge has value

Der GRIN Verlag publiziert seit 1998 wissenschaftliche Arbeiten von Studenten, Hochschullehrern und anderen Akademikern als eBook und gedrucktes Buch. Die Verlagswebsite www.grin.com ist die ideale Plattform zur Veröffentlichung von Hausarbeiten, Abschlussarbeiten, wissenschaftlichen Aufsätzen, Dissertationen und Fachbüchern.

Besuchen Sie uns im Internet:

http://www.grin.com/

http://www.facebook.com/grincom

http://www.twitter.com/grin_com

Universität Augsburg
Fakultät für Angewandte Informatik
Lehrstuhl für Humangeographie und Geoinformatik

Die chinesische Landwirtschaft in der Krise?

Ethno-/Kulturgeographie (WS 2006/07)
Hauptseminar (mit Themenschwerpunkt China)

Name, Vorname: Fischer, Christian

Abgabetermin: 06.10.2006

Inhaltsverzeichnis

1. Einleitung..S.1

2. Landwirtschaft in der VR China...S.1

2.1. Naturraum und Klima...S.2

2.2. Böden und landwirtschaftliche Nutzung..S.6

2.3. Geschichte der chinesischen Landwirtschaft....................................S.8

2.4. Problembereiche und Probleme der chinesischen Landwirtschaft.........S.12

2.4.1. Ökologie..S.13

2.4.2. Industrie..S.16

2.4.3. Bevölkerungswachstum und Urbanisation..................................S.18

2.4.4. Eigentumsstrukturen und Rückgang der Agrarinvestitionen...........S.20

2.4.5. Einkommensentwicklung Stadt-Land..S.22

3. Zukunftsaussichten..S.24

1. Einleitung

Mit über 1,3 Mrd. Einwohnern ist die VR China das bevölkerungsreichste Land der Welt. Die VR China hat eine Fläche von 9,597 Mio. km². Allerdings stehen nur ca. 127 Mio. ha für landwirtschaftliche Nutzung zur Verfügung. Das sind ca. 10% der Fläche der VR China und ca. 7% des weltweit verfügbaren Ackerlandes. Allerdings müssen mit diesen „nur" 7% der weltweit verfügbaren landwirtschaftlichen Nutzflächen 20% der Weltbevölkerung ernährt werden. Das stellt hohe Anforderungen an die chinesische Landwirtschaft.
Im Bereich der Landwirtschaft kommt es daher zu folgender Krise: Zum einen versucht die VR China sicher zu stellen dass die eigene Bevölkerung ausreichend mit Nahrungsmitteln (vor allem Weizen und Reis) versorgt werden kann. Zum anderen wird der Landwirtschaft aus verschiedenen Gründen, die im Rahmen dieser Arbeit näher behandelt werden, immer mehr Fläche entzogen.

Ziel dieser Arbeit ist es die Landwirtschaft in der VR China darzustellen und aktuelle Entwicklungen im Bereich der Landwirtschaft aufzuzeigen. Außerdem sollen verschiedene Probleme aufgezeigt werden, mit denen die chinesische Landwirtschaft zu kämpfen hat.

Beim Sammeln des Materials für diese Arbeit sind beim Vergleich unterschiedlicher Quellen des Öfteren voneinander abweichende Daten aufgefallen. Eine Ursache hierfür scheint die Informationspolitik der staatlichen Stellen der VR China zu sein, welche in manchen Bereichen offensichtlich Informationen herausgeben, die von den tatsächlichen Gegebenheiten abweichen. Eine andere Ursache könnten auch verschiede Erhebungsmethoden und –verfahren sein. Als Lösung für dieses Problem wird zur Bearbeitung des Themas dieser Arbeit auf diejenigen Daten zurückgegriffen, welche nach eigenen Betrachtungskriterien die tatsächliche Lage in der VR China am besten reflektieren.

2. Landwirtschaft in der VR China

Obwohl nur ca. 10% der Landfläche Chinas landwirtschaftlich nutzbar sind, ist die VR China immer noch ein Land, in dem der Hauptteil der Bevölkerung in der Landwirtschaft beschäftigt ist und dreiviertel der Bevölkerung direkt oder indirekt mit der Landwirtschaft in Verbindung stehen. Die landwirtschaftliche Nutzung des Ackerlandes ist in hohem Maße abhängig vom Naturraum und den klimatischen Gegebenheiten in den verschiedenen Regionen Chinas.

2.1. Naturraum und Klima

Durch den Zusammenprall der eurasischen Platte mit der indischen Platte kam es zur Auffaltung und Bildung der westöstlich streichenden tertiären Faltengebirge, des Himalaja-Gebirgssystems, des Hochlands von Tibet und der Südbegrenzung des Kunlun Shan. Der Kunlun Shan und das Qinling-Gebirge bilden eine markante Trennlinie zwischen Nord- und Südchina. Viele Millionen Jahre Erosionsarbeit formten in China ein vielseitiges Relief. Großflächige Plateaus, Schwemmebenen und Wüsten wechseln sich mit Hochgebirgsketten und Tälern im Landschaftsbild ab. Vom 8882 m hohen Gipfel des Mount Qomolangma (Everest) bis zum tiefsten Punkt Chinas, dem 154m unter der Meeresoberfläche gelegenen Turpan Becken, existiert eine Vertikalerstreckung von mehr als 9 Kilometern. (vgl. HSIEH 1995, S.17; NOHN 2001, S.71)

Die VR China hat eine Fläche von 9,597 Mio. km² und erstreckt sich in westöstlicher Richtung vom Pamir-Hochgebirge bis zur Mündung des Ussuri in den Armur auf über 5100 km. Die Nord-Süd Erstreckung Chinas (vom Nordbogen des Amur bei Mohe bis zur Südspitze der Insel Hainan) beträgt über 3750 km. (vgl. NOHN 2001, S.70)

Da neben den Bodenarten vor allem das Klima ausschlaggebend dafür ist, was in einem bestimmten Gebiet angebaut werden kann und das Klima die Bildung der Bodenarten beeinflusst loht es sich zunächst das Klima näher zu betrachten. Das Klima der VR China wird hauptsächlich durch folgende Faktoren beeinflusst: Monsune, Gebirgsbarrieren, Solarstrahlung und Zyklone.

Die Monsune sind das Ergebnis von Chinas Randlage am östlichen Teil Eurasiens, welcher an dem Pazifischen Ozean grenzt. Hierdurch entsteht ein einzigartiges Windsystem, welches das ganze Land prägt. Aufgrund der großen Landmasse in Zentralasien kommt es im Winter zu einer sehr starken Abkühlung. Hierdurch bildet sich ein Hochdruckgebiet. Zur selben Zeit entsteht über dem Pazifischen Ozean ein Tiefdruckgebiet da das Meer einen Teil der Wärme wieder abgibt, welche es im Sommer zuvor aufgenommen hat. Aus dem Hochdruckgebiet über Zentralasien und dem Tiefdruckgebiet über dem Pazifik entsteht ein trockener und kalter Wind der vom landesinneren Richtung Pazifik weht. Im Sommer passiert dann das Gegenteil.

Das Land erwärmt sich schneller als das Wasser. Das hat zur Folge dass über Zentralchina ein Tiefdruckgebiet entsteht was wiederum dazu führt dass der Wind jetzt landeinwärts weht. Die warme und feuchte Seeluft wird jetzt über das Land transportiert und es kommt während der Sommermonate zu ergiebigen Regengüssen, den Monsunregen. (vgl. HSIEH 1995, S.21)
Die West-Ost-Erstreckung der Gebirgsketten stellt eine nahezu unüberwindbare Grenze für die regenbringenden Sommerwinde aus dem Süden und die kalten Winterwinde aus dem Norden dar. Vor allem im östlichen Teil von China stellt der Höhenrücken des Qinling Gebirges eine Grenzlinie zwischen verschiedenen Klima- und Bodenzonen dar. (vgl. HSIEH 1995, S.21)
Die Verteilung von jährlicher Globalstrahlung variiert von Region zu Region. Auf dem Qinghai-Xizang (Tibet) Plateau ist die Solarstrahlung mit 180-240 cal/cm² pro Jahr am größten wohingegen die Solarstrahlung auf dem Guizhou Plateau mit weniger als 100cal/cm² pro Jahr am geringsten ist. (vgl. HSIEH 1995, S.21)
Die häufigen Wetteränderungen in China resultieren aus der geographischen Lage von China, welche dazu führt dass außertropische Zyklone und Taifune Einfluss auf das Wettergeschehen haben. Zyklone treten jeden Monat auf, außertropische Zyklone jedoch nur in den Wintermonaten und bewegen sich dann ostwärts bzw. nordostwärts auf Zentralchina zu. Auch im Süden des Landes sind die Einflüsse der Zyklone noch zu spüren. Taifune treten meist von Mai bis November auf und bewegen sich westwärts bzw. nordostwärts. (vgl. HSIEH 1995, S.21)
Da die landwirtschaftliche Nutzung in hohem Maße vom Klima abhängt lohnt es sich die verschiedenen Klimaregionen der VR China näher zu betrachten. Aufgrund der großen vertikalen Höhenerstreckung und der ausgedehnten Erstreckung in west-östlicher bzw. nord-südlicher Richtung treten in China mehrere Klimaregionen auf: Dauerfrostklima (in den höhergelegenen Gebieten des Qinghai-Tibet-Plateaus), Tropenklima (in den beiden südöstlichen Provinzen Guangdong und Guangxi), Wüstenklima (im Inneren des Tarim Beckens und der Gobi), winterkaltes Trockenklima (in der nördlichen Mandschurei), winterkaltes Steppenklima (in der westlichen Dsungarei und der Inneren Mongolei), winterkaltes außertropisches Monsunklima (in der südlichen Mandschurei und der Großen Ebene), wintermildes außertropisches Monsunklima (im mittleren und nördlichen Teil des Südchinesischen Berglandes), subtropisches Hochlandklima (im Sichuan-Becken), tropisches Monsunklima (im Süden Chinas). Außer im Nordwesten existiert im größten Teil Chinas ein Monsunklima. Durch die hohen Berge im Nordwesten, Westen und Südwesten werden die Monsunregen gestoppt und die aride Zone beginnt. (vgl. NOHN 2001, S.72f)

Die Temperaturzonen in der VR China sind durch viele Unterschiede und Extreme gekennzeichnet. Nachdem sich die Sommertemperaturen im Norden und Süden noch relativ geringe Unterschiede aufweisen (nur 18° Temperaturunterschied) verhält es sich bei den Wintertemperaturen anders: Von Guangzhou im Süden nach Harbin im Norden existiert im Januar ein Temperaturunterschied von 80°! (vgl. HSIEH 1995, S.21)

Auf Abbildung 1 sind die durchschnittlichen Januar- bzw. Julitemperaturen dargestellt. Man kann erkennen dass in Regionen wie der westlichen Mongolei und in der Dsungarei das kontinentale Klima deutlich ausgeprägt ist und enorm hohe Jahresamplituden von teilweise über 40° auftreten können. Durch die ausgleichende Wirkung des Meeres bezüglich der Temperatur herrschen in Küstenregionen zwischen Shanghai und Hongkong deutlich geringere Jahresamplituden. Nördlich des Gelben Meeres (in der Mandschurei) ist die Jahresamplitude allerdings wesentlich höher, da dieser Ausgleichseffekt durch das im Winter zugefrorene Meer vermindert wird. (vgl. NOHN 2001, S.74)

Abb.1: mittlere Januar- und Julitemperaturen in China

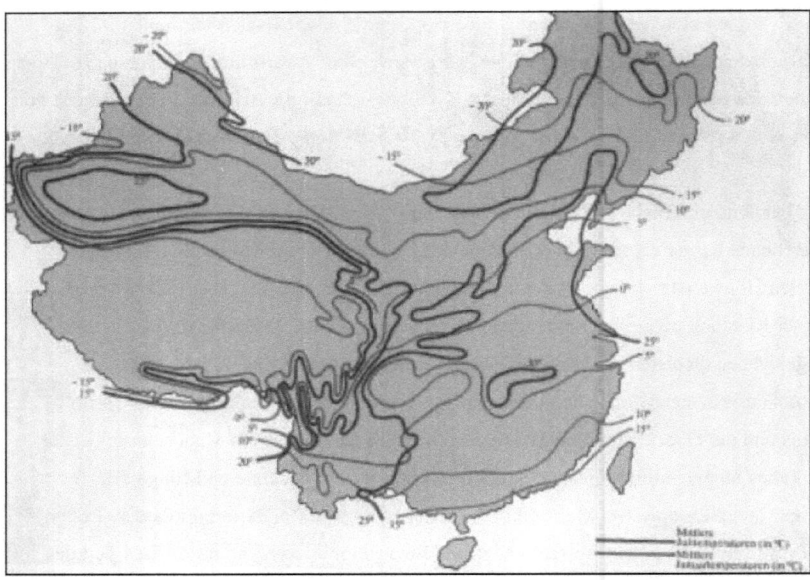

Quelle: NOHN (2001) nach ENGLERT/GRILL 1980

Die VR China lässt sich grob in zwei klimatische Großregionen einteilen: den feuchten Osten und den trockenen Westen. Der Großteil des südöstlichen Chinas liegt in der humiden Zone, die sich über das Tal des Jangtsekiang nach Norden erstreckt. Nördlich des Qinling-Gebirges schließt sich die semihumide Zone an, die sich Richtung Nordosten ausdehnt. Im Norden und Nordosten der VR China herrscht dann wieder humides Klima vor. In China variieren die Niederschlagsverhältnisse noch mehr als die Temperatur. Auf Abbildung 2 und 3 wird deutlich dass die Niederschläge von der Küste zum landesinneren immer mehr abnehmen. Entlang der Südostküste werden jährliche Niederschlagsmengen von 2000 mm und darüber erreicht. Im Nordwesten der VR China herrschen aride Klimaverhältnisse, wodurch dieser Bereich auch zum Trockengürtel Eurasiens gehört. In Xinjiang werden jährliche Niederschlagsmengen von weniger als 375 mm gemessen. Das Tarim- und Qaidambecken liegt am Nordostrand des Qinghai-Tibet-Plateaus und wird durch hohe Randgebirge abgeschirmt, wodurch durchschnittlich jährliche Niederschläge von weniger als 50 mm fallen, d.h. es herrscht eine Art arides Hochland-Wüstenklima mit hoher Solarstrahlung und Tageszeitenklima vor. (vgl. NOHN 2001, S.75f; HSIEH 1995, S.21)

Abb.2: Niederschlagsverhältnisse

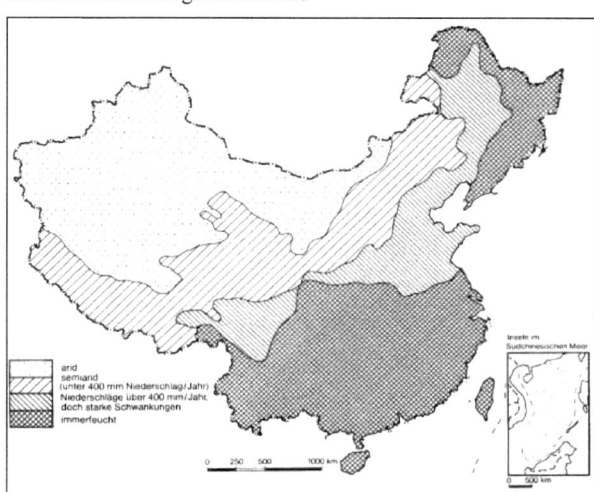

Quelle: BÖHN 1987, S.63

Abb.3: Jährliche Niederschlagsmengen in der VR China

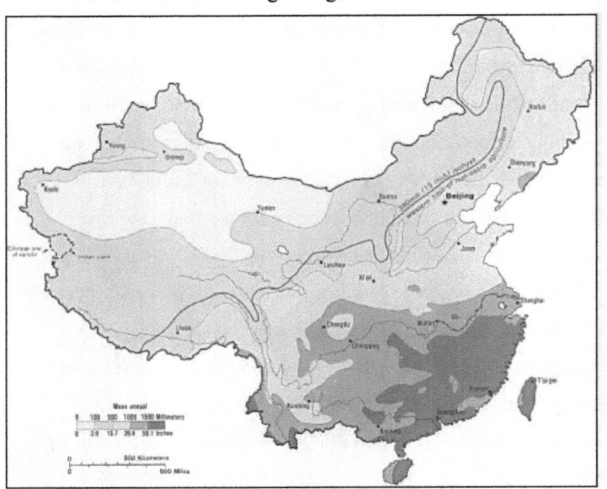

Quelle: www.china9.de

2.2. Böden und landwirtschaftliche Nutzung

Die unterschiedlichen Klimaverhältnisse und Ausgangsgesteine haben Auswirkung auf die Bildung verschiedenster Böden. „ *'In the east the soil is green; in the west, it is white; in the north it is black; in the south it is red; and in the middle it is yellow.'* " (nach HSIEH 1995, S.27) Dies läst eine grobe Gliederung der Böden zu.

Im Westen von China finden sich hauptsächlich unfruchtbare Wüsten, Halbwüsten und Gebirgswüsten welche einen relativ hohen Salzgehalt und nur einen geringen Anteil an organischem Material aufweisen. Sie sind deshalb relativ unstabil und im Zusammenspiel mit den geringen Niederschlägen im Westen Chinas für landwirtschaftliche Nutzung schlecht geeignet. Im Westen finden sich nur in den Steppengebieten fruchtbare Schwarz- und Braunerdeböden die allerdings aufgrund der Aridität landwirtschaftlich nur bedingt nutzbar sind.

Auf Abbildung 4 kann man die Bodenarten des landwirtschaftlich geprägten Ostens erkennen. Der Osten Chinas wird durch das Qinling-Gebirge und seiner Verlängerung in zwei große Bodenregionen getrennt. Im Norden und Nordosten Chinas sind auf Grund der geringeren Niederschlagsmengen vor allem kalkhaltige und alkalische Böden vorhanden. In der Mandschurei sind vor allem fruchtbare Schwarzerdeböden und teilweise braune

Steppenböden vertreten. Im Lößbergland existieren tiefgründige und sehr fruchtbare Lößböden die bei ausreichender Wasserversorgung hohe Erträge bringen können. Der Huang He, welcher durchs Lößbergland fließt und aufgrund seiner Schwemmfracht auch als Gelber Fluss bezeichnet wird, hat in der Nordchinesischen Tiefebene ein großflächiges Aufschüttungsgebiet an Schwemmlöß und Alluvialböden geschaffen. Die Böden südlich des Qinling-Gebirges sind aufgrund der höheren Niederschlagsmenge saurer und kalkärmer als nördlich des Qinling-Gebirges und bedürfen deshalb eines höheren Düngereinsatzes. Die gelben Podsolböden südlich des Qinling-Gebirges sind aus Ablagerungen des Jangtsekiang entstanden. Die roten und gelben Podsolböden des Südchinesischen Berglandes weisen einen erhöhten Säure- und Eisengehalt auf und sind weniger fruchtbar. Die roten und gelben Lateritböden des tropischen Südchina sind durch die Niederschläge sehr stark ausgewaschen und verarmen immer mehr weshalb eine sinnvolle landwirtschaftliche Nutzung nur durch hohen Düngereinsatz möglich ist. (vgl. HSIEH 1995, S.27)

Abb.4: Bodenarten im Osten der VR China   Abb.5: Landbauzonen

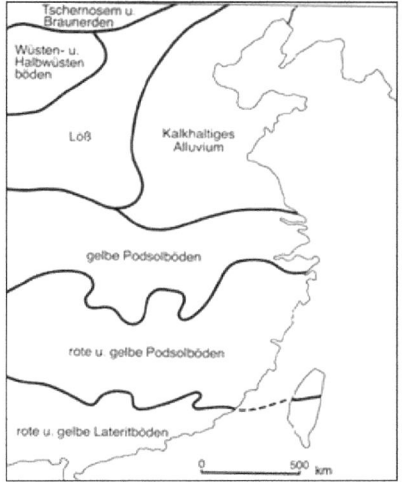
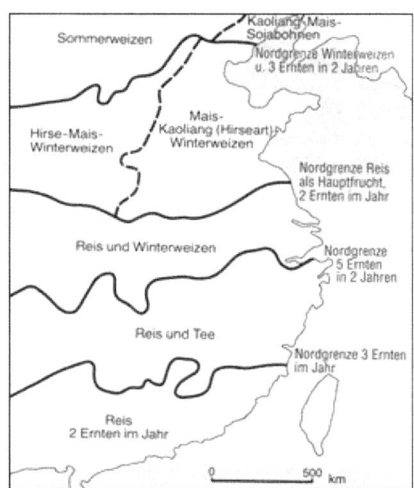

Quelle: www.hphein.de   Quelle: www.hphein.de

Es gibt zwei verschiedene Hauptarten von landwirtschaftlichen Gütern: Güter für die Nahrungsmittelproduktion oder welche selbst als Nahrungsmittel dienen (wie z.B.: Weizen, Reis, Mais, Hirse, Kaoliang und Kartoffeln) und „cash-crops" (wie z.B.: Baumwolle, Hanf, Sojabohnen, Erdnüsse, Tee und Seide) welche als Basis-Ressourcen für Chinas Leichtindustrie dienen.

Die Anbaugebiete der verschiedenen Güter werden hauptsächlich durch Böden und Klima festgelegt. Auf Abbildung 5 kann man die Hauptanbaugebiete der verschiedenen Anbauprodukte erkennen. In landwirtschaftlich bewirtschafteten Gebieten wird 50% der Fläche für den Anbau von Weizen und Reis verwendet (Grundnahrungsmittel). 96% des gesamten chinesischen Reisanbaus erfolgt südlich des Qinling-Gebirges hauptsächlich in den Provinzen Sichuan, Hunan und Guangdong. Die größten Weizenanbaugebiete befinden sich in der Nordchinesischen Tiefebene, der Mittleren Jangtseebene und dem Sichuan Becken. Winterweizen hat einen Anteil von 88% an der chinesischen Weizenproduktion aus wohingegen nur 12% durch Sommerweizen gedeckt werden. Letzterer wird hauptsächlich in der Mandschurei und Inneren Mongolei angebaut, wo teilweise künstlich bewässert werden muss. In der Mandschurei werden außerdem noch Kaoliang und Sojabohnen angebaut. In den kalten und humiden Gebieten der Inneren Mongolei ist auch der Anbau von Zuckerrüben möglich. Mais, Hirse, Kaoliang und Kartoffeln brauchen nur wenig Bewässerung. Auf der Lößebene nördlich des Qinling-Gebirges wird hauptsächlich Hirse, Mais und Weizen angebaut, allerdings kann vor allem im Sommer durch häufiger auftretende Starkregenereignisse eine sehr starke Erosion des fruchtbaren Ackerlandes stattfinden. China ist einer der weltgrößten Baumwollproduzenten mit Anbaugebieten in der Nordchinesischen Tiefebene und im Tal des Jangtse. Seidenraupen werden hauptsächlich im Sichuan Becken und Guangzhou Delta gezüchtet.

Im Nordwesten der VR China ist Ackerbau - wenn überhaupt - nur in Oasenwirtschaft mit Bewässerung am Fuße des Tian Shan Gebirges möglich. Die weiten Grasländer werden hier vor allem durch Nomaden mit Schafen, Ziegen, Yaks, Pferden und Kamelen genutzt. Im Südwesten der VR China herrscht ein kaltes und trockenes Klima weshalb hier nahezu kein Ackerbau möglich ist. Die weiten Grasländer werden ebenfalls durch Hirten mit Schafen, Yaks und Pferden beweidet. (vgl. HSIEH 1995, S.31f)

2.3. Geschichte der chinesischen Landwirtschaft

Seit der Gründung der VR China im Jahre 1949 wurde die Landwirtschaft mehrmals grundlegend verändert. Zunächst wurde die Landwirtschaft in den fünfziger Jahren nach dem Vorbild der Sowjetunion kollektiviert und eine vom Weltmarkt unabhängige Entwicklungsstrategie verfolgt. Nachdem nach der Bodenreform von Mao Zedong, im Jahre 1958, die Volkskommunen gegründet wurden, hoffte er mit dem „Großen Sprung nach Vorn"

die Wirtschaftsentwicklung zu beschleunigen. Mit der Enteignung der Großbesitzer und der Abschöpfung der agrarischen Überschüsse sollte die Industrialisierung beschleunigt werden.
"Das Konzept der Volkskommune strebte eine völlig neuartige gesellschaftliche Organisation an, in der Industrie, Landwirtschaft, Kultur, Erziehung, politische Angelegenheiten und Militär in einer Instanz zusammen gefasst waren." (nach NOHN 2000, S.93f) Die völlig autonome Einheit der Volkskommune sollte sich selbst verwalten und auch versorgen können. Im Gegensatz zur Sowjetunion behielt in China jedoch der Agrarsektor die herausragende Rolle für die gesamtwirtschaftliche Entwicklung sowie für die Beschäftigung. *"Die Grenzen der verfolgten Entwicklungsstrategie hinsichtlich Erhöhung der wirtschaftlichen Effizienz sowie Steigerung der internationalen Wettbewerbsfähigkeit und des Lebensstandards der Bevölkerung wurden jedoch immer deutlicher. Erst nach dem Wechsel der politischen Führung konnten diese Ziele ab 1978 im Rahmen der Wirtschaftsreform verfolgt werden."* (nach SCHÜLLER 2000, S.135)
Deng Xiaoping versuchte 1978 mit dem Programm der „Vier Modernisierungen" die politische Wende einzuleiten. Im Dezember 1978 wurden die großen Kollektive aufgelöst und der Ackerboden an die Bauern vertraglich zur Bearbeitung übergeben. *"Mit der Abschaffung der Volkskommune trat das 'vertragsgebundene Verantwortlichkeitssystem auf der Basis von dörflichen Haushalten' in Kraft."* (nach NOHN 2001, S.94) Jetzt wurde der Boden zur Bewirtschaftung zeitlich befristet an private Haushalte verpachtet. Die Dauer der Nutzungsverträge belief sich zu Beginn der Reform auf fünf Jahre und kann jetzt bis zu fünfzig Jahre betragen. Ebenso wie die Bewässerungsanlagen blieb der Boden dennoch unveräußerbar, da Kollektiveigentum. Heute werden von den Bauern für die Produktion von wichtigen Produkten wie Getreide, Reis und Baumwolle mit dem Staat Verträge abgeschlossen. Die Entemenge, die über die vertraglich geregelte „Mindestproduktion" hinaus produziert wird, kann von den Bauern frei auf dem Märkten verkauft werden. Durch diese Reform konnten viele Bauern ein höheres Einkommen erreichen und der gesamte Agrarsektor in China erhielt einen Aufschwung. Von 1979 bis 1992 erlebte die landwirtschaftliche Produktion eine Steigerung von 65,1% (nach Angaben der Food and Agriculture Organization - FAO), was einer jährlichen Wachstumsrate von 4,3% entspricht. (vgl. NOHN 2001, S.94; SCHÜLLER 2000, S.135f). *"Die Anfangsjahre der Reform brachten den ländlichen Gebieten einen starken Zuwachs bei der Agrarproduktion und beim Einkommen, was im Wesentlichen auf die Einführung von Kunstdünger, Pestiziden und Hybridsaaten zurückzuführen war. Aber als die Regierung Mitte der achtziger Jahre die Preiskontrollen für landwirtschaftliche Produktionsmittel aufhob, stiegen die Preise rasant an und viele Bauern konnten sich diese*

Produkte nicht mehr leisten. Zusätzlich waren die winzigen Familienhöfe (die fast alle weniger als einen Hektar umfassten) anfälliger für Naturkatastrophen und Preisschwankungen am Markt." (nach WEN 2005, S.23) Die Ausbeutung des kommunalen Eigentums war ein weiterer Punkt der zum kurzfristigen ansteigen des Haushaltseinkommens beitrug. Durch die rücksichtslose Abholzung von Bäumen, die über die vergangenen 30 Jahre hinweg von den Kommunen als Erosionsschutz angepflanzt wurden, kam es innerhalb von vier Jahren zu einem landesweiten Rückgang der zum Windschutz bepflanzten Flächen um 48%. (vgl. WEN 2005, S. 29)

"Aufgrund politisch-bürokratischer Widerstände fand bis Anfang der neunziger Jahre eine zweigleisige Reformpolitik statt, die durch ein Nebeneinander von Plan- und Marktelementen, einem ineffizienten Staatssektor und einem sich dynamisch entwickelnden marktorientierten nichtstaatlichen Sektor charakterisiert war. Die Entscheidung für die 'sozialistische Marktwirtschaft' im Jahre 1992 war der Durchbruch für marktorientierte Reformen in allen Wirtschaftsbereichen, die allerdings bis Ende der neunziger Jahre noch keineswegs abgeschlossen waren." (nach SCHÜLLER 2000, S.135)

Seit Beginn der Wirtschaftsreform hat sich die landwirtschaftliche Produktionsstruktur schrittweise verändert. *"Während der Anteil des Pflanzenbaus [seit 1978] um etwa 25 Prozent zurückging, stieg der Beitrag von Vieh- und Fischzucht zum Bruttoproduktionswert."* (nach SCHÜLLER 2000, S.160) Mit dieser Entwicklung ging eine deutliche Verbesserung der Versorgung der Bevölkerung mit Fleisch- und Fischprodukten einher. (vgl. SCHÜLLER 2000, S. 160)

Aufgrund der hohen Ackerbau-Dominanz hat die Viehzucht in China nur eine Untergeordnete Bedeutung. Dreiviertel der Rinder in China werden nicht zur Zucht, sondern als Zugtiere benutzt. Lediglich der Wasserbüffel spielt in Südchina eine bedeutende Rolle als Nutztier für die Fleischproduktion und vor allem als Milchvieh. Nur im westlichen China hat die Viehzucht größere Bedeutung, da hier ackerbauliche Nutzung aufgrund der klimatischen Verhältnisse nur schwer möglich ist. Kleinviehhaltung hingegen nimmt in der Versorgung mit tierischem Eiweiß eine relativ große Rolle ein. Schweine, Hühner und Schafe werden auf dem Land oft in kleineren Stallungen gehalten, benötigen daher nur wenig kostbares Land und verursachen nur geringe Futterkosten.

Da es an modernen Fischverarbeitungsanlagen fehlt, ist die Seefischerei in China noch immer wenig entwickelt. Die Binnenfischerei liefert hingegen etwa die Hälfte der benötigten Fischmenge, während die Fischzucht etwa ein Drittel dazu beiträgt. (vgl. NOHN 2001, S.105)

„Die grundsätzliche Selbstversorgung mit Nahrungsmitteln ist das oberste Ziel der Landwirtschaftspolitik." (nach SCHÜLLER 2000, S.160) Außerdem werden Ziele wie Anstieg der bäuerlichen Einkommen, Stabilität der Nahrungsmittelpreise und Sicherung der städtischen Nahrungsmittelversorgung verfolgt. Im Getreidesektor werden preispolitische und andere Instrumente eingesetzt um einen Selbstversorgungsgrad von 95% zu erreichen.

Nachdem 1990 eine so hohe Getreideproduktion erreicht war, dass man den Getreidemarkt vollkommen liberalisieren konnte und Rationierungscoupons für die Bevölkerung abgeschafft werden konnten, musste die chinesische Regierung 1994 aufgrund enormer Preissteigerungen wieder auf das System der obligatorischen Ankaufquoten mit staatlich festgelegten und ausgehandelten Preisen zurückgreifen. Außerdem wurde das Verbot für private Händler, Getreide anzukaufen, bevor die staatlichen Ankaufquoten erfüllt waren, wieder eingeführt.1994 wurden die Provinzregierungen für den Ausgleich für Angebot und Nachfrage und für Teile der Preisfestsetzung und Getreidevermarktung verantwortlich gemacht um die lokale Selbstversorgung mit Getreide zu garantieren. (vgl. SCHÜLLER 2000, S. 160f)

Durch den Beitritt der VR China zur WTO Ende des Jahres 2001 kamen neue Herausforderungen und Möglichkeiten auf die chinesische Landwirtschaft zu. In vielen Bereichen war die Landwirtschaft nicht mit den internationalen Regeln vertraut. *„Die vorwiegend durch kleine Einzelwirtschaftsbetriebe geprägte chinesische Landwirtschaft ist natürlich nicht so effektiv, wie es die großen Agrarbetriebe im Ausland sind. Zudem haben die Bauern aufgrund der veränderten Normen für landwirtschaftliche Erzeugnisse Probleme beim Export."* (nach CHINA CONTACT)

Der Beitritt Chinas zur WTO hat für die Bauern vor allem Auswirkungen auf die Preise gehabt. Bis zum Januar 2004 mussten die Zölle für Agrarimporte von insgesamt durchschnittlich 31,5% auf 17% verringert werden. Als Folge davon wurde China von hochsubventionierten Agrargütern aus aller Welt überschwemmt, welche billiger waren als die heimischen Produkte. So fielen zum Beispiel die Preise von Zuckerrohr von 250 Yuan pro Tonne im Jahr 2002 auf 170 Yuan pro Tonne im Jahr 2004. Die Preise für andere landwirtschaftliche Produkte verhielten sich ähnlich. (vgl. WEN 2005, S.25 und S.32)

2.4. Problembereiche und Probleme der chinesischen Landwirtschaft

"In einem Interview mit dem deutschen Nachrichtenmagazin 'Der Spiegel' sprach der stellvertretende chinesische Umweltminister Pan Yue die ökologische Krise offen an: 'Unsere Rohstoffe sind knapp, wir haben nicht genug Land, und unsere Bevölkerung wächst kontinuierlich.... Die Städte wachsen, aber gleichzeitig dehnen sich die Wüstengebiete aus. Das bewohnbare und nutzbare Land hat sich über die vergangenen 50 Jahre halbiert...'" (nach WEN 2005, S.26)

Wie bereits angesprochen ist die grundsätzliche Selbstversorgung der Bevölkerung das oberste Ziel der chinesischen Landwirtschaftspolitik. Obwohl vor allem in den letzten 20 Jahren beim Anbau der verschiedenen landwirtschaftlichen Produkte beachtliche Steigerungsraten und Qualitätsverbesserungen erreicht werden konnten, kam es gerade im Getreidesektor öfter zu größeren Produktionsschwankungen. Dies führte zur Frage ob China auch in Zukunft in der Lage sein werde, die Selbstversorgung mit Nahrungsmitteln gewährleisten zu können. In Folge von Bevölkerungswachstum, Industrialisierung, Städte- und Straßenbau, welche sich gegenseitig beeinflussen, sowie in Folge von ökologischen Schäden hat die landwirtschaftliche Anbaufläche immer mehr abgenommen und kann auch durch Neulanderschließung nicht mehr ausreichend ersetzt werden. (vgl. SCHÜLLER 2000, S. 159f) *"Die Zentralregierung [wandelt] in verschiedenen Provinzen und Städten jedes Jahr rund 2667 Quadratkilometer Ackerland in Baugrund um. Der tatsächliche Bedarf liegt sogar bei 8000 Quadratkilometern. Mit der Beschleunigung der Industrialisierung und Urbanisierung wird das Ackerland trotz Schutzes immer weniger.'* (nach CIIC) Diese Zahlen stammen von offizieller Seite und werden von verschiedenen inoffiziellen Seiten bezweifelt. Es wird angenommen, dass der jährliche Ackerbodenverlust durch Urbanisation und Industrialisierung noch um ein Vielfaches höher Ausfällt.

Auf Abbildung 6 kann man erkennen, dass die Ackerfläche von 105 Mio. ha im Jahr 1960 auf 94 Mio. ha im Jahr 1995 abgenommen hat. Die pro Kopf verfügbare Ackerfläche hat sich von ca. 0,16 ha im Jahr 1960 auf ca. 0,08 ha im Jahr 1995 (also in nur 35 Jahren!) nahezu halbiert, wobei diese Graphik nichts über die Qualität der Ackerflächen verrät.

Abb. 6: Entwicklung der Ackerfläche und Ackerfläche pro Kopf 1960-1995

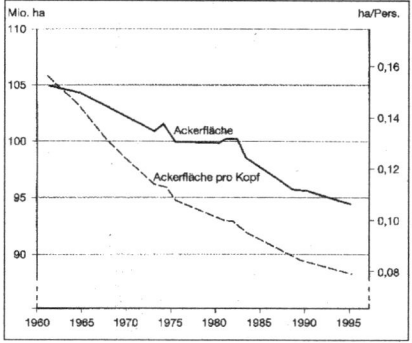

Quelle: HEIN

Aus diesem Grund hat die chinesische Regierung ein „Ackerbodenausgleichsgesetz" erlassen, welches besagt, dass für alles Ackerland, das in Industrie, Wirtschafts- oder Bauland umgewandelt wird, andernorts eine Ausgleichsfläche derselben Größe zu schaffen ist. Zwar hat dieser Gesetzesakt das Phänomen der landlosen Bauern zurückgedrängt, jedoch besteht die Gefahr, dass weniger geeignetes Land für den Ackerbau herangezogen wird, während fruchtbares Ackerland für andere zwecke umgewandelt wird. (vgl. WEN 2005, S.47f) Weitere Probleme der chinesischen Landwirtschaft ergeben sich aus der dem Rückgang der Agrarinvestitionen und der Einkommensdisparität zwischen Stadtbewohnern und den chinesischen Bauern. (vgl. NOHN 2001, S.95f)

2.4.1. Ökologie

Obwohl China versucht sich mit aller Macht gegen die Ausbreitung der Wüsten zu stemmen, wachsen diese ungebremst zwischen 2500 und 10400 km² pro Jahr. Seit 1994 hat die von Wüsten bedeckte Fläche um 52000 km² zugenommen. Ende 1999 waren 2,7 Mio. km² Fläche von Wüsten bedeckt, was 27,9 Prozent des gesamten Landes ausmacht. Hauptsächlich von der Desertifikation betroffen sind 471 Bezirke im Norden und Westen Chinas. Die Gegenden liegen in der Inneren Mongolei, Ningxia, Tibet, Xinjiang, Gansu, Qinghai, Shaanxi, Hebei und Shanxi. (vgl. VISTAVERDE und WEN 2005, S.47 und FREUND)
Für weitere 18,2 Prozent des Landes werden Versandungen gemeldet, was einer Fläche von 1,74 Mio. km² entspricht. *"Die Hauptschuld für die Austrocknung der Böden tragen aber die*

Chinesen wohl selbst. Im Wirtschaftsboom der vergangenen zwanzig Jahre wurden riesige Waldflächen kahlgeschlagen. Nur noch 14 Prozent des Landes, vor allem die entlegenen Provinzen am Fuße des Himalajas, sind bewaldet. In Ballungsgebieten wie Peking, Shanghai oder Kanton steht dagegen kaum noch ein Baum, der den ausgemergelten Boden zusammenhalten könnte." (nach HEIN laut FRANKFURTER RUNDSCHAU, 28.9.2000, S. 39) Mit dem "Drei-Norden-Schutzwald-Programm" soll auf einer Länge von 4500 Kilometern innerhalb von 80 Jahren eine Fläche von 35 Mio. ha aufgeforstet werden. Dieser Schutzgürtel aus Waldstreifen, welcher auch als „Grüne Mauer" bezeichnet wird, soll dafür sorgen, dass die Windgeschwindigkeit gesenkt wird und dadurch weniger fruchtbarer Ackerboden vom Wind fort getragen wird. Außerdem trocknet der Boden dadurch nicht mehr so stark aus. Diese Aufforstungen benötigen vor allem im Herbst viel Pflege. Da allerdings im Herbst auch die Ernte der landwirtschaftlichen Produkte stattfindet, kommt es oft zur Vernachlässigung der Pflege und damit zum Verkümmern der Aufforstungen. (vgl. BÖHN 1987, S.84ff und FREUND) Durch die erneuten Aufforstungen konnte der Sand jedoch bereits um ca. 57000 km² zurück gedrängt werden. (vgl. VISTAVERDE) In Gebieten ohne Aufforstungen breiten sich die Versandungen weiter aus.

"Als Ursachen für die Versandungen gelten zu hohe Beanspruchung der Böden, Überweidung, Abforstung und veraltete Bewässerungssysteme in der Landwirtschaft." (nach VISTAVERDE) Auf 67000 km² funktionieren die Bewässerungsanlagen überhaupt nicht. (vgl. CIIC) Durch längere Trockenzeiten wird die Wüstenbildung zusätzlich gefördert. 37% der Fläche der VR China leiden unter Bodenerosion, was einer Fläche von 3,5 Mio. km² entspricht. Der Hauptfluss im Norden, der Huang He, ist voll von gelbem Lößsediment, da er durchs Lößplateau fliest. Im Lößbergland wurde durch mehrere tausend Jahre landwirtschaftliche Nutzung die natürliche Vegetation zerstört, wodurch jetzt der erosionsanfällige Lößboden großflächig abgeschwemmt wird. 40% des chinesischen Ackerbodens verlieren an Qualität aufgrund von Faktoren wie Bodenerosion, Versalzung oder Verschmutzung. (vgl. WEN 2005, S.47f)

"Der verbleibende Ackerboden leidet unter Verschmutzung durch landwirtschaftliche Chemikalien, Bergbauaktivitäten, industrielle Verschmutzung etc. 13 bis 16 Millionen Hektar Farmland wurden durch Pestizide verseucht. 20 Millionen Hektar Farmland (etwa ein Fünftel allen bebaubaren Landes) sind mit Schwermetallen (Cadmium, Arsen, Blei, Chrom etc.) kontaminiert. Es wird angenommen, dass jährlich 12 Millionen Tonnen Getreide verseucht (und damit unbrauchbar für den menschlichen Verzehr) werden und dass die

Umweltverschmutzung für den Verlust von 10 Millionen Tonnen der jährlichen Getreideernte verantwortlich ist." (nach WEN 2005, S.47f)

Ein weiteres Problem der chinesischen Landwirtschaft im Bereich Ökologie ist die Wasserverknappung und Wasserverschmutzung. "Schuld an dem Wassermangel hat - zumindest zum Teil - das Wetter. In den vergangenen Jahrzehnten haben sich die Niederschläge in Nordchina stetig verringert, in manchen Gebieten regnete es dieses Jahr 80 Prozent weniger als notwenig." (nach HEIN laut FRANKFURTER RUNDSCHAU, 28.9.2000, S. 39) Im „feuchten" Süden ist das Problem noch relativ gering: Hier stehen vier Fünftel des Wassers der VR China für ein Drittel des Ackerlandes, Industrie und 700 Mio. Einwohner zur Verfügung. Anders im „trockenen" Norden: Hier muss ein Fünftel des Wassers der VR China für 550 Mio. Einwohner, dort ansässige Industrie und zwei Drittel des Ackerlandes ausreichen. Durch übermäßiges Abpumpen von Grundwasser und die schwindende Fähigkeit der örtlichen Vegetation, Wasser zu speichern, hat sich die Wasserführung des Gelben Flusses verringert, welcher heute an vielen Tages des Jahres nicht einmal mehr das Meer erreicht. Die landwirtschaftlich orientierten Provinzen am Oberlauf stehen mit den industrialisierten Küstenprovinzen in erbittertem Konkurrenzkampf. Unter der nordchinesischen Ebene sinkt der Grundwasserspiegel jährlich um 1,5 Meter, in Beijing fiel der Grundwasserpegel 1999 sogar um 2,5 Meter. Im Jahr 2000 waren 12,4 Mio. ha Ackerfläche von Dürre betroffen.

60% des Wassers der Flüsse Jangtse, Huang, He, Huai, Songhua Hai, Liao und Perlfluss sind für den Kontakt mit dem Menschen nicht geeignet und 75% der Seen leiden an Überdüngung. Zwei Drittel der städtischen Abwässer und mehr als ein Drittel der industriellen Abwässer werden ungeklärt in die Gewässer geleitet. (vgl. WEN 2005, S.46f und HEIN)

Luftverschmutzung ist ein weiteres Problem der chinesischen Landwirtschaft. Durch hohe anthropogene Luftverschmutzung ist ein Drittel des Landes von saurem Regen betroffen, der Einfluss auf die Bodenqualität und die Qualität und Quantität der landwirtschaftlich produzierten Güter hat. (vgl. WEN 2005, S.46)

Wie rücksichtslos in China mit der Umwelt umgegangen wird zeigt auch das Beispiel der brennenden Kohleflöze: Auf einer Fläche so groß wie die EU werden jährliche CO_2-Emissionen freigesetzt, welche alle Autos in Deutschland in 4 Jahren erzeugen. Durch diese Brände wird das ökologische Gleichgewicht in diesen Regionen völlig zerstört und landwirtschaftliche Nutzung unmöglich gemacht. Obwohl durch die brennenden Kohleflöze ein jährlicher Verlust an Kohle im Gegenwert von ca. 9 Mrd. US Dollar entsteht, besteht kein großes Interesse an Löscharbeiten, da Löscharbeiten mit sehr hohen Kosten verbunden wären und nach chinesischer Ansicht wegen der riesigen Vorräte des Landes auch nicht unbedingt nötig sind. (vgl. KLASSENARBEITEN)

2.4.2. Industrie

Die VR China hatte in den letzten 25 Jahren ein durchschnittliches jährliches Wirtschaftswachstum von 9%, im Jahr 2006 sogar von 11,3%. Im Zuge der Industrialisierung der VR China wird immer mehr Fläche für Industrieanlagen benötigt. Wie unter Punkt 2.4. bereits angesprochen wird dabei sehr oft fruchtbarer Ackerboden in Bauland umgewandelt. Auf Abbildung 7 kann man gut erkennen, dass sich der Großteil der Industrieanlagen in Süd-, Südost-, Ost- und Nordostchina befindet. Da sich genau in diesem Gebiet auch die fruchtbarsten Böden befinden, ist ein Nutzungskonflikt mit der Landwirtschaft unvermeidbar. Umweltschäden, welche unter 2.4.1. beschrieben sind, sind zu einem großen Teil auch auf die Industrie zurückzuführen und haben zusätzlich negative Auswirkungen auf die Verfügbarkeit von Ackerland. *"Die Fabrikanten behandeln die Umwelt wie ihre Arbeiter: Als Gebrauchsgegenstand, den man notfalls entbehren kann und der dem Profit nicht im Wege stehen sollte."* (nach WEN 2005, S.47)

Abb. 7: Industrie

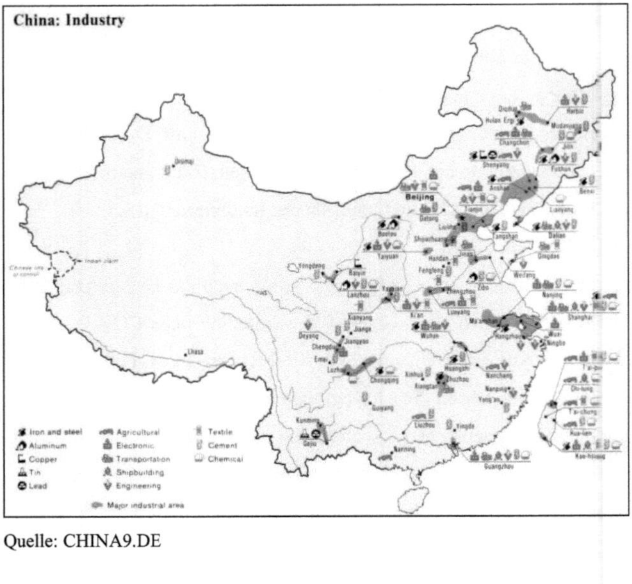

Quelle: CHINA9.DE

Aufgrund der zunehmenden Industrialisierung wird immer mehr Energie benötigt, wobei bei der Energiegewinnung die Interessen der Bevölkerung, der Landwirtschaft und des Umweltschutzes oft unterliegen. Wie rücksichtslos in China mit dem fruchtbaren Ackerland umgegangen wird, lässt sich am Beispiel des Drei-Schluchten-Projekts erkennen.
Am Ende des Oberlaufes fliest der Yangtze in das Wushan-Gebirge. Hier soll in der Qutang-, in der Wu- und in der Xiling-Schlucht (Sanxia) ein riesiger Stausee entstehen. Das gesamte Drei-Schluchten-Einzugsgebiet erstreckt sich auf eine Fläche von 5400km^2. Jedoch nehmen die U- und V-förmigen Schluchten nur fünf Prozent des zukünftigen Reservoirs ein. Der Rest des Gebietes ist meist gebirgig. Der Stausee wird eine Fläche von 1085 km^2 haben und das Wasser auf einer Länge von 660km anstauen. Die maximale Stauhöhe wird 175m betragen. Das Ackerland, welches sich unmittelbar entlang des Yangtze und seiner zahllosen Nebenflüsse erstreckt, wird zumeist im Hang oder in Terrassen bewirtschaftet. Im Drei-Schluchten-Gebiet trägt die Landwirtschaft den Hauptteil der Bruttoinlandsproduktion, weshalb viele Auswirkungen des Drei-Schluchten-Dammes die Landwirtschaft treffen. (vgl. Mallow 2006 und WENK und KING, GEMMER, METZLER 2002)

Das Drei-Schluchten-Projekt hat zwar neben der Energiegewinnung noch viele Vorteile wie zum Beispiel
- Regulierung von Hochwasserwellen,
- Weniger Luftemissionen im Vergleich zu Kohlekraftwerken,
- Verbesserung der Navigation zwischen Chongqing und Yichang,
- Verbesserung der Strom- und Wasserversorgung der Bevölkerung,
- Verbesserung der Wasserversorgung für die Landwirtschaft usw. (vgl. KING, GEMMER, METZLER 2002)

Jedoch entsteht auch eine Reihe von negativen Folgen, wie
- Überflutung von wertvollem Ackerland und dadurch Verringerung der Getreideproduktion,
- Umsiedlungsmaßnahmen von bis zu 2 Mio. Personen und Neuplatzierung von Städten, wodurch auf die Betroffenen schwierige Umstellungen zukommen werden,
- Geringere Fließgeschwindigkeit und dadurch weniger Durchlüftung und Durchmischung des Yangtze, wodurch sich die Wasserqualität lokal verschlechtern wird,
- Sedimentation des Stausees,
- Störung des empfindlichen Ökosystems,

- Zerstörung von Kulturgütern und der malerischen Landschaft. (vgl. KING, GEMMER, METZLER 2002)

Mit dem Stausee werden 28.000ha Ackerland verschwinden. Hierfür wird zwar weiter hangaufwärts neues Ackerland erschlossen, welches jedoch erst später und geringere Erträge bringen wird. Die Böden in den höher gelegenen Regionen bestehen zum größten Teil aus karstigen und unbearbeiteten Böden und außerdem können auch schlechtere klimatische Bedingungen vorherrschen. Dies bedeutet für den einzelnen Landwirt, dass mit einem höheren Landbedarf zu rechnen sein wird, was in China aufgrund des Mangels an fruchtbarer Ackerfläche ein großes Problem darstellt. Bodenerosion spielt auch in den neu angelegten Gebieten eine große Rolle und führt zu weiteren Problemen bei der Bodenbearbeitung. Im Zuge des Erosionsschutzes sollen nach dem Vollstau im Jahre 2009 weitere 202.000ha Land mit einer Neigung über 25 Grad aufgeforstet werden, wodurch weitere Ackerflächen verloren gehen. Durch das Drei-Schluchten-Projekt wird sich die Einkommenssituation der meisten Bauern verschlechtern und viele werden sogar ihre Lebensgrundlage verlieren. (vgl. KING, GEMMER, METZLER 2002 und Mallow 2006)

2.4.3. Bevölkerungswachstum und Urbanisation

Auf Abbildung 8 kann man deutlich die Entwicklung der Urbanisation erkennen. Während die Bevölkerung auf dem Land seit 1978 nur leicht zugenommen hat und seit 1996 sogar abnimmt, hat die städtische Bevölkerung seit 1962 konstant zugenommen. Die ländliche Bevölkerung hat seit 1952 um 58% zugenommen, wohingegen die städtische Bevölkerung sich im selben Zeitraum um 571% vergrößert hat. *"Diese Verschiebung zwischen ländlichem und städtischem Bevölkerungsanstieg ist nicht auf das unterschiedliche natürliche Bevölkerungswachstum, sondern im wesentlichen auf den Wechsel der Haushaltsberechtigung (Hukou), die Eingemeindung stadtnaher Verwaltungsbezirke und die Öffnung von Kleinstädten für die ländliche Bevölkerung zurückzuführen. Nach wie vor ist die Geburtenrate auf dem Lande höher als in der Stadt, weil dort die Bevölkerungspolitik weniger strikt durchgeführt wird."* (nach TAUBMANN) Die Bildung von urbanen Zentren in verschiedenen Regionen des Landes ist ein Versuch der chinesischen Regierung, die Bildung von Megastädten mit Slums zu verhindern. (vgl. PILLATH)

Abb.8: Urbanisation und Bevölkerungswachstum in der VR China von 1952-2001

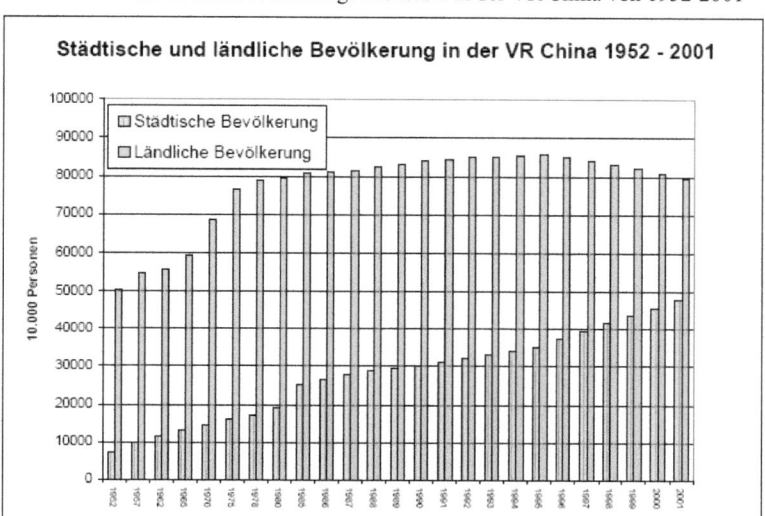

Quelle: TAUBMANN

Betrachtet man die Karte der Bevölkerungsdichte (Abbildung 9) fällt auf, dass die höchsten Bevölkerungsdichten in Süd-, Südost-, Ost- und Nordostchina auftreten. Wie bereits unter Punkt 2.2. beschrieben, finden wir genau dort auch die fruchtbarsten Ackerböden der VR China. Ein Nutzungskonflikt von Landwirtschaft und Bevölkerungsdruck/Städtebau ist somit unausweichlich. Durch das „Ausufern" der Städte kommt es zu einem Rückgang der Ackerflächen weil diese dann oft als Wohnbauland genutzt werden.

Im Westen hingegen ist die Bevölkerungsdichte gering, da das Land hier zu gebirgig, zu trocken und zu unwirtlich ist.

Heute hat China eine Bevölkerung von etwa 1,3 Mrd. 745 Mio. davon, also 57%, lebt in ländlichen Gebieten. Laut Einwohnerliste gibt es 949 Mio. Bauern, wovon ca. 200 Mio. in Städten als Wanderarbeiter leben. (vgl. CIIC) Nach verschiedenen Prognosen zu Folge wird China im Jahr 2025 eine Bevölkerung zwischen 1,47 und 1,7 Mrd. Menschen haben. (vgl. DSW und PILLATH) Diese Bevölkerungszunahme wird in Zukunft sicher noch größere Nutzungskonflikte zwischen Wohnen und Landwirtschaft mit sich bringen.

Abb.9: Bevölkerungsdichte in China

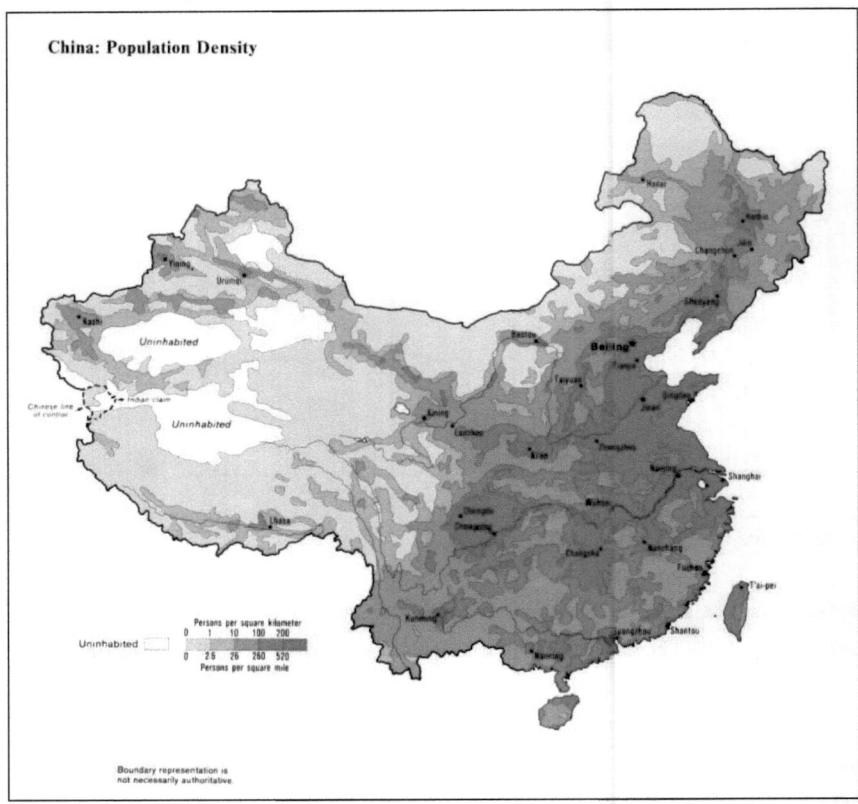

Quelle: CHINA9.DE

2.4.4. Eigentumsstrukturen und Rückgang der Agrarinvestitionen

Durch die Einführung des unter 2.3. beschriebenen 'vertragsgebundenen Verantwortlichkeitssystems auf der Basis von dörflichen Haushalten' nahm die durchschnittliche Betriebsgröße der Einzelbetriebe in vielen Regionen auf ca. 1 ha pro Betrieb ab. Diese Kleinstparzellierung stärkte zwar die Eigenverantwortung der Bauern, führte aber auch dazu, dass auf den nun kleineren Flächen weniger effizient produziert werden konnte. Während Investitionen vor den Reformen noch von der Volkskommune getätigt wurden, konnten es sich die Einzelbetriebe nach der Reform oft nicht mehr leisten, teure Investitionen zu tätigen.

Der Rückgang der Agrarinvestitionen ist ein weiteres Problem der chinesischen Landwirtschaft und wird anhand von Tabelle 1 ersichtlich.

Tabelle 1: Investitionen in die Landwirtschaft

	1980	1981	1982	1985	1986	1987	1990
Anteil der staatlichen Ausgaben zugunsten der Landwirtschaft an den Staatsausgaben (%)	12,4	9,9	10,4	8,3	7,9	6,5	n.v.
Gesamtinvestitionen in die Landwirtschaft (Mrd Yuan)	n.v.	8,7	n.v.	19,5	n.v.	18,1	n.v.
davon: - staatlich (%)	n.v.	39,0	n.v.	22,8	n.v.	29,1	n.v.
- kollektiv (%)	n.v.	38,4	n.v.	11,4	n.v.	24,3	n.v.
............- privat (%)	n.v.	22,6	n.v.	65,8	n.v.	46,6	n.v.
Anteil der staatlichen Ausgaben für den landwirtschaftlichen Investbau an den staatlichen Gesamtausgaben für Investbau (%)	11,1	n.v.	n.v.	n.v.	n.v.	n.v.	3,0
Anteil der kollektiven Investitionen in die Landwirtschaft an den gesamten kollektiven Investitionen im ländlichen Raum - absolut (Mrd. Yuan)	n.v.	n.v.	5,2	n.v.	2,1	n.v.	n.v.
- relativ (%)	n.v.	n.v.	30,0	n.v.	5,4	n.v.	n.v.
Anteil der privaten Investitionen in die Landwirtschaft an den gesamten privaten Investitionen im ländlichen Raum - absolut (Mrd. Yuan)	n.v.	2,0	n.v.	12,8	8,3	7,3	n.v.
- relativ (%)	n.v.	n.v.	n.v.	26,8	14,5	12,1	n.v.

Quelle: NOHN 2001, S.96 nach ZHONGGUO TONGJI NIANJIAN 1990

Man kann erkennen, dass der Anteil der staatlichen Ausgaben für die Landwirtschaft an den Staatsaugaben permanent zurückgegangen ist. 1980 wurden noch 12,4% der Staatsausgaben in die Landwirtschaft investiert, wohingegen 1987 nur noch 6,5% der Ausgaben in die Landwirtschaft flossen. *"Dies ist mit darin begründet, dass der Staatshaushalt durch die defizitäre Lage der staatlichen Industriebetriebe zu sehr belastet ist und somit weniger Kapital für die Landwirtschaft übrig bleibt."* (nach NOHN 2001, S.96) Von 1981 bis 1985 sind die Gesamtinvestitionen in die Landwirtschaft von 8,7 Mrd. auf 19,5 Mrd. Yuan angestiegen, sind allerdings seit 1985 auch wieder rückläufig. In den neunziger Jahren hat man dieses Problem erkannt und die chinesische Regierung hat im Jahr 2005 etwa 70 Mrd.

Yuan in die Förderung der Landwirtschaft investiert, was etwa ein Drittel der Finanzinvestitionen der Regierung ausmacht. (vgl. CHINA BOTSCHFT)
Der Anteil der privaten Investitionen in die Landwirtschaft an den gesamten privaten Investitionen im ländlichen Raum ist zwar bis 1985 bis auf 12,8 Mrd. Yuan gestiegen, danach aber stetig gefallen. Der Anstieg bis 1985 weist auf einen Nachholeffekt der chinesischen Landwirtschaft hin. Der darauf folgende Investitionsrückgang ist eine Folge der Verunsicherung vieler Bauern bezüglich der Bodenpachtverträge und der verstärkt einsetzenden Industrialisierung. Wegen der zeitlich eng begrenzten Bodenpachtintervalle lohnten sich für viele Bauern meist keine langfristigen Investitionen, da Sie nicht wussten was nach dieser Zeit kam und keine Rechtssicherheit besaßen und - langfristig gesehen - immer noch nicht besitzen. Die meisten Bauern investierten also nur für einen kurzen Zeitraum, der ihnen sicheren Gewinn versprach, wobei dann auch keine Rücksicht auf eventuell auftretende ökologische Konsequenzen genommen wurde, wie zum Beispiel Bodenüberdüngung, Bodenausblasung und Bodenverarmung. (vgl. NOHN 2001, S.95f)

Auch die unter Punkt 2.3. beschriebene Ausweitung der Dauer der Nutzungsverträge hat dieses Problem noch nicht ganz entschärft. Das Problem liegt viel mehr an den Eigentumsstrukturen in der chinesischen Landwirtschaft. *"Im öffentlichen Bild hat sich der Eindruck festgesetzt, jeder chinesische Bauer hätte seit Beginn der 80er Jahre seine ‚Privat'parzelle und die chinesische Landwirtschaft wäre insofern gewissermaßen bereits im Sinne marktwirtschaflicher ordnungspolitischer Systemvorstellungen umgewandelt."* (nach FELDSIEPER) Sinnvolle marktwirtschaftliche Produktion findet allerdings in weiten Teilen der VR China immer noch nicht statt. Nach dem „Property-Rights-Ansatz" ist nur durch die Stärkung der Eigentumsrechte eine sinnvolle und nachhaltige Nutzung der Ackerfläche durch die chinesischen Bauern möglich. (vgl. FELDSIEPER)

2.4.5. Einkommensentwicklung Stadt-Land

Der Rückgang der Investitionen in die Landwirtschaft kann auch mit der geringen landwirtschaftlichen Einkommenserwartung begründet werden. Die ländliche Wirtschaft macht zwar im Zuge der Reform- und Öffnungspolitik große Fortschritte, jedoch entwickeln sich die Städte und vor allem die Einkommen in den Städten viel schneller. (vgl. BJRUNDSCHAU)

Im Vergleich zur Einkommenslage auf dem Land hat sich die Einkommenslage in den Städten deutlich verbessert. Die Einkommen in der Stadt waren 2003 schon 3,2 mal so hoch wie die Einkommen auf dem Land. Da die Stadtbewohner viele Sozialleistungen erhalten (wie z.B. im Erziehungs- und Gesundheitswesen oder bei den Renten) schätzt die Weltbank die städtischen Einkommen sogar auf das 5-fache der bäuerlichen. (vgl. SUEDDEUTSCHE.DE) Zudem müssen die Stadtbewohner nicht noch Geld für die Produktion des nächsten Jahres sparen (z.B. zum Einkauf von Saatgut und Dünger), weshalb das Einkommen der Bauern als noch geringer einzuschätzen ist. (vgl. BJRUNDSCHAU)

Auf Abbildung 10 kann man die durchschnittliche Einkommensentwicklung in der Stadt und auf dem Land erkennen. Seit der Reform im Jahre 1978 stieg zwar das durchschnittliche Einkommen auf dem Land von 134 Yuan auf 2205 Yuan (im Jahre 1999). Allerdings stieg im selben Zeitraum das durchschnittliche Einkommen in der Stadt von 316 Yuan auf 5859 Yuan. Während man 1978 auf dem Land noch mit etwa 42% des Einkommens in der Stadt rechnen konnte, sank der Anteil des durchschnittlichen Einkommens auf dem Land im Jahre 1999 auf etwa 37,6% des Einkommens in der Stadt. Im Jahr 2003 betrug das Durchschnittseinkommen eines Stadtbewohners 8500 Yuan, das Eines Bauern nur noch 2622 Yuan, was nur noch weniger als ein Drittel des Durchschnittseinkommens eines Stadtbewohners ausmacht. (nach BJRUNDSCHAU)

"Besonders seit 1997 wächst die Kluft gewaltig. Die Preise für Agrarprodukte fielen konstant. Gleichzeitig stieg die Steuer- und Abgabenlast der Bauern. Außerdem entließen Ende der neunziger Jahre die Fabriken in den Städten viele Arbeiter. Daraufhin schotteten sich viele Städte ab gegen die vom Land hereindrängenden Arbeitssuchenden." (nach SUEDDEUTSCHE.DE) 47,8% des Einkommensanstiegs der Bauern zwischen 2000 und 2002 stammt aus Beschäftigungen außerhalb ihrer Heimatdörfer. (vgl. BJRUNDSCHAU)

Abb. 10: Einkommensentwicklung Stadt-Land von 1978-1999 (in RMB Yuan)

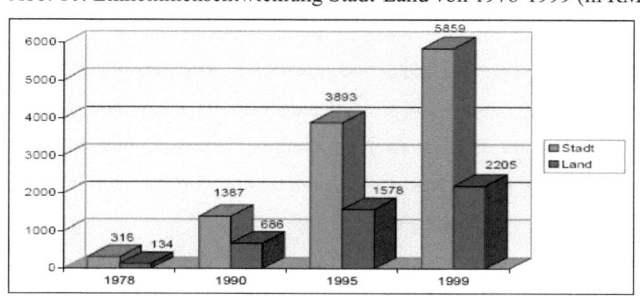

Quelle: NOHN 2001, S.98 nach HEILMANN 1996 und CHINA AKTUELL 1999f

Durch diese Einkommensdisparität herrscht allgemeine Unzufriedenheit unter der ländlichen Bevölkerung und es kommt zu massiver Abwanderung von Arbeitskräften aus der Landwirtschaft in die Städte. Schätzungen zu Folge geht man davon aus, dass mindestens 130-150 Millionen Landarbeiter keine Beschäftigung mehr auf dem Land finden und 70-100 Millionen davon bei der Suche nach Arbeit in die Großstädte und Küstenregionen abgewandert sind (vgl. BÖHN 2003, S.52). Um dem Entgegenzuwirken versucht die Politik die „Landstädte" (Zhen-Städte) zu erweitern und auszubauen. Kleinere Städte, die an die ländlichen Gebiete grenzen, können den Bauern helfen, Kosten und Risiken bei der Suche nach einem neuen Arbeitsplatz zu verringern. Funktionieren kann diese Politik allerdings nur, wenn die ländlichen Betriebe florieren, profitabel wirtschaften und dadurch Arbeitsplätze schaffen können. Durch den Ausbau der Zhen-Städte, welche meist ein landwirtschaftlich geprägtes Umfeld haben, kommt es aber wiederum dazu, dass Flächen für landwirtschaftliche Nutzung verloren gehen. Genauere Daten, wie hoch der Landverlust pro Jahr durch „Ausufern" der Städte ist, existieren jedoch nicht.

Ein anderer Aspekt der wachsenden Einkommen in den Städten ist, dass die Nachfrage nach teureren Nahrungsmitteln (v.a. Fleisch) steigen wird. Wenn man berücksichtigt, dass die Kosten der Erzeugung von tierischem Eiweiß ein Vielfaches der Kosten von pflanzlichem Eiweiß betragen (mit Kosten ist in diesem Zusammenhang vor allem Anbaufläche gleichzusetzen), wird sicher mit dem Anstieg der Einkommen in der Stadt der Mangel an Anbauflächen noch weiter zunehmen.

2.3. Zukunftsaussichten

Aufgrund der unter Punkt 2.4. beschriebenen Probleme stellt sich zu Recht die Frage, ob China in Zukunft in der Lage sein wird, seine Bevölkerung durch Selbstversorgung ausreichend mit Nahrungsmitteln zu versorgen. Sicher ist, dass unter anderem aufgrund der rasanten wirtschaftlichen Entwicklung immer mehr Ackerflächen verloren gehen, dass die Landwirtschaft deshalb auf unrentablere Böden ausweichen muss und dass zukünftig in China immer mehr Nutzungskonflikte bezüglich des Ackerlandes auftreten werden. Da aber dann auf weniger bzw. weniger fruchtbarer Fläche die gleiche Menge oder sogar mehr produziert werden soll, muss es zu einer Effizienzsteigerung, d.h. zu einem höheren Einsatz von Dünger und Pflanzenschutzmitteln kommen, was aber wiederum negative Folgen auf die

Bodenqualität haben kann. Auch vor genmanipulierten Nutzpflanzen wird in der chinesischen Landwirtschaft nicht zurück geschreckt (vgl. KÜHNELT 2003, S.8).

Durch den Beitritt Chinas zur WTO kommt zusätzlicher Druck in Form von Wettbewerbs- und Preisdruck auf die chinesischen Bauern zu. Durch die erschwerten Anbaubedingungen und vermehrten Dünger- bzw. Pflanzenschutzmitteleinsatz sinkt jedoch die Qualität der erzeugten Produkte, was wiederum Auswirkungen auf den Preis hat. (vgl. BMZ)
China wird auf dem landwirtschaftlichen Sektor durch die deutsche Bundesregierung unterstützt bei:

- Umwelt- und Ressourcenschutz
- Steigerung der Wettbewerbsfähigkeit der landwirtschaftlichen Produkte (Qualitätssteigerung, Verbesserung von Lebensmittelstandards…)
- Entwicklung des biologischen Landbaus in Armutsregionen
- Verbesserung des Umgangs mit hochgiftigen Pflanzenschutzmitteln (Entsorgung)

(vgl. BMZ)

Mit einem Erwerbstätigenanteil von mehr als 50% stellt der Agrarsektor zwar noch immer den dominierenden Wirtschaftsbereich, allerdings ist diese Tendenz abnehmend. Innerhalb der Gesamtwirtschaft wird es durch die rasche Expansion anderer Wirtschaftsbereiche zu einem Bedeutungsverlust der Landwirtschaft kommen. Auf Tabelle 2 kann man erkennen, dass der Anteil des landwirtschaftlichen Sektors am BIP (trotz Förderung der Landwirtschaft durch verschiedene industriepolitische Richtlinien) in den letzten Jahren kontinuierlich gesunken ist. Um so mehr stellt sich die Frage, ob China in Zukunft die Selbstversorgung der Bevölkerung mit Nahrungsmitteln gewährleisten kann.
Aufgrund des zuvor beschriebenen zunehmenden Bedeutungsverlustes der Landwirtschaft innerhalb der chinesischen Gesamtwirtschaft könnte es in Zukunft ein immer größer werdendes Risiko von massenhaften Bauernprotesten geben, welche die Legitimation der Regierung gefährden könnten. (vgl. NOHN 2001, S.100f) Laut Chinas offiziellen Medien hat es im Jahr 2004 74000 Fälle sozial motivierter Unruhen gegeben, wohingegen es 1993 nur etwa 10000 waren. (vgl. WEN 2005, S.27)

Tabelle 2: Veränderung der Wirtschaftsstruktur (%)

Struktur des Bruttoinlandsprodukts			
Jahr	Primärsektor	Sekundärsektor	Tertiärsektor
1980	30,1	48,5	21,4
1996	20,2	49	30,8
1998	18	49,2	32,8
2000	15,9	50,9	27,5
2005	10	54	36

Quelle: eigene Darstellung nach NOHN 2001, S.101 und DING, S.3

Sollte es der VR China daher nicht gelingen, die im Laufe dieser Arbeit beschriebenen Probleme zu lösen, *"…werde die chinesische Landwirtschaft in drei bis zehn Jahren aufgrund der mangelnden landwirtschaftlichen Infrastruktur und der geringen Ressourcen in eine schwere Krise geraten."* (nach CIIC)
"In einer Marktwirtschaft ist es jetzt unmöglich, die Bauern durch Regierungsverordnungen zu zwingen, die landwirtschaftliche Produktion zu steigern. Die Bauern können erst dann motiviert werden, wenn sie Gewinne im Getreideanbau sehen. Daher muss China das Problem des Einkommens der Bauern lösen, selbst wenn nur, um die Getreideproduktion zu steigern und das Getreideangebot zu gewährleisten." (nach BJRUNDSCHAU)
Die chinesische Regierung versucht daher, die Förderung der chinesischen Landwirtschaft als eine ihrer Hauptaufgaben zu betrachten und die Finanzmittel der Landwirtschaft zu verstärken, damit sich die Einkommen der Bauern weiter und vor allem schneller erhöhen. Im Jahr 2005 beliefen sich die Investitionen der chinesischen Regierung auf etwa 70 Mrd. Yuan, was etwa ein Drittel der Finanzinvestitionen der Regierung ausmacht. Laut Zhai Huqu, Direktor der chinesischen Akademie für Agrarwissenschaft, will China eine Reihe von Maßnahmen ergreifen, um die Effizienz und Konkurrenzfähigkeit der chinesischen Landwirtschaft zu erhöhen. (vgl. CHINA BOTSCHAFT)

Was die nachhaltige und ressourcenschonende Nutzung der Böden anbelangt, scheint die einzige Lösungsmöglichkeit zu sein, den Bauern mehr Rechtssicherheit bezüglich ihres bewirtschafteten Bodens zu geben und die Bewirtschaftungsautonomie zu erhöhen.

Literaturverzeichnis:

BÖHN, Dieter (1987): China: Volksrepublik China, Taiwan, Hongkong. 1.Auflage. Stuttgart, 361 S.

BÖHN, Dieter (2003): Aufbruch der Bauern – Chinas ländlicher Raum zwischen agrarischer Rückständigkeit und industrieller Zukunftsorientierung. In: Geographie Heute (2003) China. Heft 211/212. S.52f

HSIEH, Chiao-min (1995): China: a provincial atlas. New York, 303 S.

KÜHNELT, Wolfgang (2003): Werden alle Chinesen satt? In: Geographie Heute (2003) China. Heft 211/212. S.8-15

SCHÜLLER, Margot (2000): Wirtschaft. In: STAIGER, Brunhild [Hrsg.]: Länderbericht China – Geschichte · Politik · Wirtschaft · Gesellschaft · Kultur. Darmstadt, S.134-177.

YAO, Jianzhong (1998): Chinas wirtschaftlicher Dualismus. Sektorielle Konsequenzen des Arbeitskräftetransfers insbesondere für den Agrarbereich. Bamberg, 150 S.

Internetseiten:

BJRUNDSCHAU: Das ländliche und das städtische China – Welten auseinander.
http://www.bjrundschau.com/2004-18/2004.18-china-1.htm (27.07.2006)

BJRUNDSCHAU: Reformen auf dem Land von großer Dringlichkeit.
http://www.bjrundschau.com/2003-15/2003-15-fm-1.htm (27.07.2006)

BMZ: Bundesministerium für wirtschaftliche Zusammenarbeit und Entwicklung. Grußwort von Herrn Staatssekretär Erich Stather anlässlich des Symposiums „Nahrungsmittel und Lebensmittelsicherheit: Chinas Beitritt zur WTO und die Landwirtschaft" am 23. September 2003 in Berlin. http://www.bmz.de/de/presse/reden/stather/rede20030923.html (27.07.2006)

CHINA BOTSCHAFT: Botschaft der Volksrepublik China in der Bundesrepublik Deutschland. Mehr Finanzmittel in die Chinesische Landwirtschaft. http://www.china-botschaft.de/det/jj/t182410.htm (27.07.2006)

CHINA BOTSCHAFT: Botschaft der Volksrepublik China in der Bundesrepublik Deutschland. Effizienz und Konkurrenzfähigkeit der chinesischen Landwirtschaft wird erhöht. http://www.china-botschaft.de/det/jj/t237782.htm (27.07.2006)

CHINA CONTACT: Chinesisch-Deutsche Gesellschaft. E.V.; Regierung muss Dienstleister werden. http://www.chdg.de/deutsch/aktuell.html (27.07.2006)

CHINA9.DE: Landkarten von China. http://www.china9.de/landkarten/landkarten-china.php (27.07.2006)

CIIC: China Internet Information Center. Pro-Kopf-Ackerfläche in China wird immer geringer. http://russian.china.org.cn/german/247114.htm (27.07.2006)

CRI (2004): China Radio International. Landwirtschaft und Agrarmarkt. http://de.chinabroadcast.cn/21/2004/01/13/1@3914.htm (27.07.2006)

DING, Chun: Die Entwicklung und Perspektiven der chinesischen Wirtschaft im Hintergrund der Globalisierung. http://www.fes.or.kr/Publications/pub/KDGW2005_Ding-ger.pdf (27.07.2006)

DSW: Deutsche Stiftung Weltbevölkerung. DSW-Datenreport. Soziale und demographische Daten zur Weltbevölkerung. http://www.dsw-online.de/pdf/dsw_datenreport_06.pdf (31.8.2007)

FELDSIEPER, Manfred (1998): Wirtschaftspolitische Forschungsarbeiten der Universität zu Köln – Band 23. http://www.wiso.uni-koeln.de/stawi-feldsieper/023.html (27.07.2006)

FREUND, Alexander: China pflanzt auf 4500 Kilometern eine „grüne Mauer". In: Die Welt. 14.08.2006 http://www.welt.de/data/2006/08/14/996527.html (18.09.2006)

HEIN, Hans-Peter: China Homepage. http://www.hphein.de/index.htm (27.07.2006)

KING, Lorenz; GEMMER, Marco; METZLER, Martin (2002): das Drei-Schluchten-Projekt am Yangtze. http://geb.uni-giessen.de/geb/volltexte/2004/1480/pdf/SdF-2002-1f1.pdf (27.07.2006)

KLASSENARBEITEN: China – ein Überblick.
http://www.klassenarbeiten.de/oberstufe/leistungskurs/erdkunde/wirtschaft/china.htm (27.07.2006)

MALLOW, Lars (2006): Das Drei-Schluchten-Projekt. Funktionen und Auswirkungen. http://www.hydrology.uni-kiel.de/lehre/seminar/ss06/ss06_mallow_dreischluchten.pdf (27.07.2006)

NOHN, Georg (2001): China und seine Darstellung im Schulbuch http://ubt.opus.hbz-nrw.de/volltexte/2004/202/pdf/20010213.pdf (27.07.2006)

PILLATH, Carsten Herrmann: Vom Wirtschaftswunder zur Weltwirtschaftsmacht: Chinas Wirtschaft in zwanzig Jahren. http://wko.at/wp/extra/wipolb/2005/t_2005_1_Pillath.pdf (27.07.2006)

SUEDDEUTSCHE.DE: „Der Groll der Bauern wächst"
http://www.hphein.de/presse/sz050304b.pdf (27.07.2006)

TAUBMANN, Wolfgang: Bevölkerungsentwicklung in ländlichen Räumen Chinas. http://www.berlin-institut.org/pdfs/Taubmann%20_Laendlichen%20Raeume%20Chinas.pdf (27.07.2006)

VISTAVERDE: Desertifikation: die Wüste erobert China.
http://www.vistaverde.de/news/Natur/0201/29_china.htm (27.07.2006)

WEN, Dale (2005): Wie China die Globalisierung bewältigt.
http://www.asienhaus.de/public/archiv/focus28.pdf (27.07.2006)

WENK, Kerstin: Chinas wichtigste Mauer. In: Die Welt. 20.05.2006
http://www.welt.de/data/2006/05/20/889668.html (18.09.2006)

WIKIPEDIA: Landreform. http://de.wikipedia.org/wiki/Bodenreform (18.09.2006)

BEI GRIN MACHT SICH IHR WISSEN BEZAHLT

- Wir veröffentlichen Ihre Hausarbeit, Bachelor- und Masterarbeit

- Ihr eigenes eBook und Buch - weltweit in allen wichtigen Shops

- Verdienen Sie an jedem Verkauf

Jetzt bei www.GRIN.com hochladen und kostenlos publizieren